宇宙
SPACE

（日）宇宙大哥哥　著

邢俊杰　译

辽宁科学技术出版社
·沈阳·

让我们
出发去宇宙吧!

夜晚，当你仰望天空的时候，会看见月亮挂在夜空之中。月亮绕着我们居住的地球公转，是地球的卫星。

地球是绕着太阳公转的，是行星。大家都知道，绕着太阳公转的行星不只有地球，还有水星、金星、火星、木星、土星、天王星、海王星。美国的宇航员曾经乘坐宇宙飞船去过月球，在月球上行走，还捡了一些石头带回地球。虽然现在人类还不能在别的星体上生活，但是全世界的相关学者都在研究这个课题。等你们长大了之后，或许就可以实现这个愿望了。

在这本书里，我们将带大家开启一次行星探索之旅。首先，去和地球相邻的火星，看一看它身边是不是也有和月亮一样的卫星。宇宙里可能有和地球很像的行星，也可能有和地球完全不一样的行星。正是因为宇宙对于我们来说还充满了未知，所以这次旅行一定非常精彩!

一起探险的小伙伴

下面来介绍一下和大家一起开启行星之旅的机组成员吧：
两个非常有个性的人和一个机器人。
他们都有自己擅长的领域，大家齐心协力就能探险成功！

尤妮

浪漫主义者。因为向往宇宙中闪耀的星光而参加了这次探险。由于行事谨慎、性格稳重，被任命为宇宙飞船的领航员。喜欢动手制作一些东西，有很多工具，负责修理宇宙飞船和熊虫。

熊虫

小型宠物机器人。好奇心特别强，不论对什么都很感兴趣。虽然有时候不怎么靠谱，但是掌握的知识是最丰富的。不管多么恶劣的环境都能忍耐，还有 6 条可以随意伸缩的腿哦。

考斯默

机组成员中最爱探险的一个。操纵宇宙飞船的技能无人能及。现在正向着宇宙深处进发。非常温柔，是一个能照顾到每个人的领导者。不过，有的时候会有些冒失，需要我们的帮助。

行星地图 ~图解太阳系~

目录

各行星与太阳之间的距离

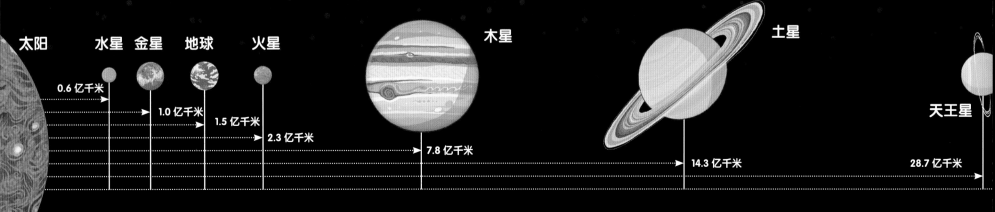

太阳　水星　金星　地球　火星　木星　土星　天王星

0.6 亿千米

1.0 亿千米

1.5 亿千米

2.3 亿千米

7.8 亿千米

14.3 亿千米

28.7 亿千米

致家长

在这本书中，作者将各行星和星体的特征写成孩子们能轻松理解的故事，希望借助在星空中旅行的美妙设想，来激发孩子们的冒险心、好奇心和创造力。如果看了本书之后，孩子会说出"宇宙以后会变成什么样子呢？好想去这样的行星上看看啊！如果能造出飞得更远的火箭就好了！外星人到底存不存在啊？"之类的话，我们的目的就达到了。

海王星

45.0 亿千米

行星旅行指南

大家都喜欢探险吗?

我们即将前往的行星同我们生活的地球完全不同!

真是让人充满期待!

👕 服装

在宇宙飞船和基地中，穿着比较随意。但是宇宙空间没有氧气，要么太冷，要么太热，空气压力也有可能让我们受不了，还有各种危险物品飞来飞去，所以在外面一定要穿宇航服。

在太空和其他行星表面穿的服装

在宇宙飞船和基地中穿的服装

我就不需要换来换去了!

宇宙飞船

行星与行星之间的距离非常远。比如说，从地球到火星，如果乘坐时速 100 千米的汽车至少要花费 65 年的时间。等到达的时候，我们都变成老爷爷老奶奶了，所以我们需要准备一艘速度超快的宇宙飞船。在行星上着陆后，如果确认安全，宇宙飞船也可以作为临时基地使用。

◢ 食物

千万不要以为太空食物跟我们平时吃的一样。为了能带上更多的食物，人们需要把食物烘干，这样食物的重量会变轻，等到了宇宙飞船和基地时，再加入水，就能让食物变回原来的样子，这就是航天食品。我们都带上吧！

🥤 饮品

除了食品之外，水是必须要带上的。人们用水来泡航天食品，也用它来制造用于呼吸的氧气。

水罐

航天罐头

软包装的航天食品

可以用水复原的航天食品

🪐 洗得干干净净再出发

人类在其他行星上发现的东西是非常重要的。但是，如果将泥土、种子和细菌等未经处理就直接带回地球或者把地球上的东西带到其他行星上，可能引发意想不到的灾难性后果呢！所以，出发之前，一定要将自己和飞船等洗干净哦！

🪐 如果真的有外星生物……

人们还没有在地球以外的行星上发现生物。但是，科学家们认为，在有水或者曾经有水的行星上也许会有生物存在。为什么这么说呢？因为地球上的生物都起源于海洋。和意想不到的生物相遇时，虽然语言不通，但也许可以用音乐交流呢。让我们期待一下吧！

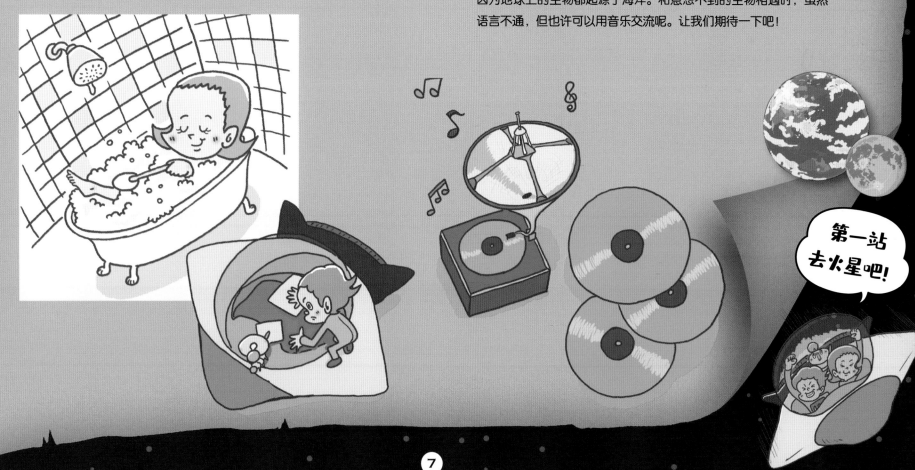

第一站
去火星吧！

有山脉和峡谷的红色行星

火星

大小？

地球一半那么大。

10个火星的重量才能抵得上一个地球。

重力？

在地球上体重为30千克的人，在火星上只有11千克。

什么样的行星？

太阳系内离地球最近的行星。火星表面的岩石中含有很多铁元素，铁生锈之后会变成红色，所以从地球上用望远镜就能看到火星是红色的。人们还发现火星上有冰，还和地球一样有着季节的变化。

— 类似空气的部分（基本为二氧化碳）

— 轻质岩石

— 重质岩石

— 铁和镍等

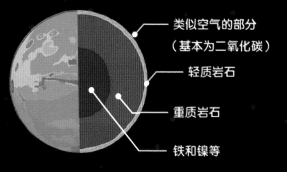

\小行星带/

火星

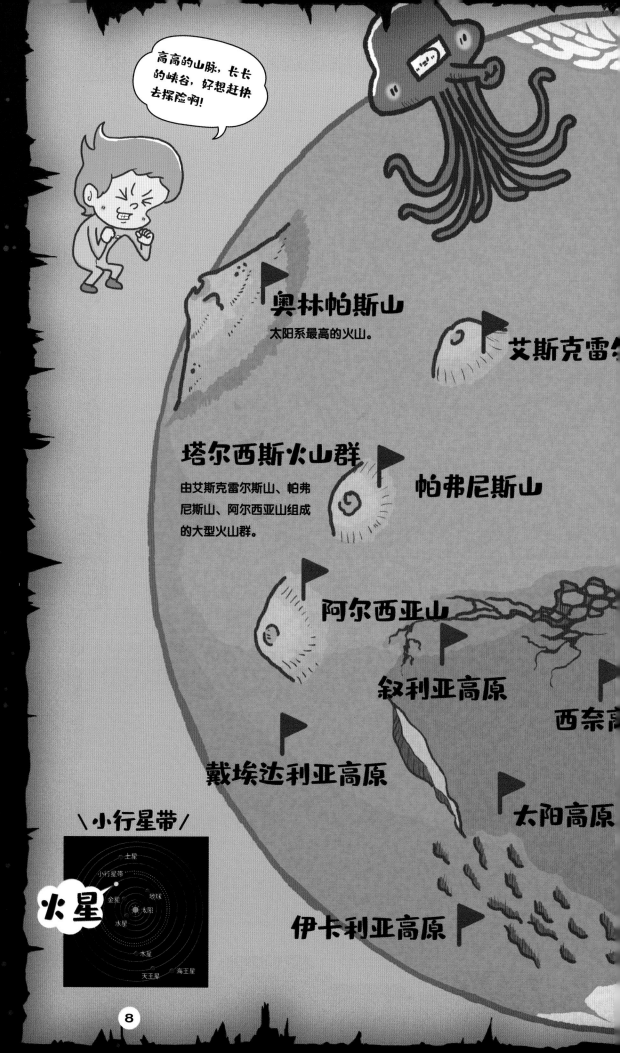

高高的山脉，长长的峡谷，好想赶快去探险啊！

奥林帕斯山
太阳系最高的火山。

艾斯克雷尔

塔尔西斯火山群
由艾斯克雷尔斯山、帕弗尼斯山、阿尔西亚山组成的大型火山群。

帕弗尼斯山

阿尔西亚山

叙利亚高原

西奈高

戴埃达利亚高原

太阳高原

伊卡利亚高原

北极的冰盖其实是旋涡状的。

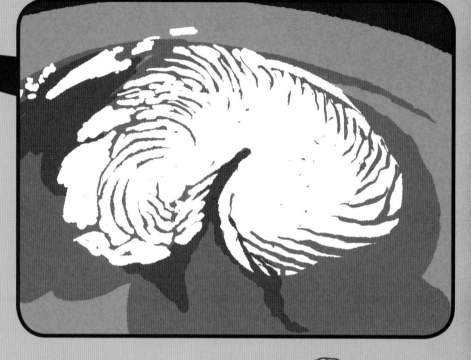

北极

有水结成的冰和干冰。
冰量会随着季节的变化增减。

阿西达里亚平原

坦佩高地

卡塞峡谷

克里斯平原

艾彻斯深谷

月神高原

水手号峡谷

长达 5000 千米，
最深可达 7 千米。

厄俄斯混沌谷

阿尔及尔平原

南极

有水结成的冰和干冰。
冰量会随着季节的变化增减。

既然有冰，就可能存在液态水，要是发现了液态水的话，也许就会有生命呢！

火星卫星和火星的关系，
就像月亮和地球的关系一样！

火卫二

火卫一

火星也是有卫星的哦！

绕着火星公转的卫星有两颗，火卫一和火卫二。据说它们是被火星的引力捕获的。

机器人会来迎接你哦!

其实,在火星上已经有来自地球的"漫游者"机器人。它们是历时 6~8 个月通过火箭运载到这里的。它们在火星上进行探索,然后将资料传回地球。

到达基地后,首先要进行大扫除。

火星上经常发生沙尘暴或者龙卷风,这时,从太空看上去,整个火星仿佛都被"黄云"覆盖,沙尘飞扬,仿佛"30 亿年都没有打扫过一样"。

虽然有大气，但是不能用来呼吸！

在火星上，有一层很薄的大气。但是，火星大气基本都是由二氧化碳组成的。如果在火星上将头盔取下，然后吸一口气的话，会非常难受的。

来培育蚕宝宝吧！

在火星上，蚕宝宝是很好的食物。将蚕蛹煮熟做成凉拌菜，味道非常好。蚕吐的丝还能做成丝绸。

假日去奥林帕斯山挑战自我!

虽然火星只有地球一半那么大,但是火星上奥林帕斯山的高度却是珠穆朗玛峰高度(8844.43 米)的 2 倍多,大约有 25000 米那么高!在登山时要尽可能多地休息哦。

欢迎来到
太阳系
最高的山!

推荐项目❷
水手号峡谷探险

位于火星的水手号峡谷，是太阳系范围内最深最长的峡谷，全长超过 4500 千米，深 8 千米！让我们来感受峡谷自上而下的壮美景色吧！

天空变蓝，我们就要回基地喽！

地球上的晚霞是红色的，但火星上的晚霞却是蓝色的。火星上最温暖的时候也只有 20℃ 左右，而最冷的时候却有 −130℃！所以，看见晚霞就赶快回基地吧！

NASA 的火星外派员"火星探测机器人"拍摄的**火星表面**。

可以吧！ 在冰盖上滑冰！

在火星的北极，有一层旋涡样的冰层，被称为冰盖。二氧化碳冻结后，会形成像水结成的冰一样的干冰。如果也能用来滑冰就好了。

这是！ 蓝莓滚下来了？

在火星的表面，可以发现很多直径不超过1厘米的圆形小石头，人们把它们叫作"火星蓝莓"。这是被河水冲刷形成的，还是陨石的碎块呢？也许你也会很好奇，那么快去查一查吧！

会遇见吗？ 火星上的生物？

在火星的表面，有很多水流过的痕迹，而且，在火星北极还发现了冰冻的水。如果有水，就有可能会有生物哦！请做好心理准备，也许你会碰到呢！

去火星的卫星上看火星吧!

火卫一要比火卫二更靠近火星，大约 8 小时绕火星一圈。火卫二大约需要 30 小时才能绕火星一圈。所以，在火卫一上可以近距离地观察火星，但是如果想悠闲地欣赏火星，那么火卫二是更好的选择。在火卫一上看见的火星，要比我们在地球上看见的月亮大得多呢！

想近距离看的时候选火卫一。

火卫一

火星

想慢慢看的时候选火卫二。

火卫二

火卫一在距离火星较近的位置绕火星旋转，有时离得近一些，有时离得远一些。如果有一天火卫一离火星太近的话，那么就有可能被火星的引力破坏掉。所以，如果要建设家园的话，最好还是选在火卫二上。

建设家园的话，要选火卫二。

火卫一

火星

火卫二

离得很近的两颗星体，也如此不同。

火星的卫星
火卫一和火卫二

火卫一上有一些环形山，形状不是很规整，而火卫二就光滑多了。

火卫一

火卫二

©NASA/JPL-Caltech/University of Arizona

©HiRISE, MRO, LPL (U. Arizona), NASA

小行星带

宇宙是非常广阔的。虽然说有很多小行星，但实际上，小行星之间的距离非常远哦。即使在小行星带的正中央穿过，也可能一个小行星都碰不上。

从火星去往木星的途中，我们会路过一个叫"小行星带"的地方，这里有很多碎小岩石般的"小行星"。目前已知的绕着太阳运转的小行星就有数十万颗。

小行星

彗星

木星

小行星

　　在宇宙中，有很多被称为"扫帚星"的彗星，它们都是从很远的地方飞过来的哦。

　　有一些小行星，在靠近太阳时会放出神秘物质，形成长长的尾巴，变成彗星哦！

小行星

小行星

小行星

云和旋涡的行星

木星

准备着陆!

但是地面在哪里? 全都是云啊!

大小?

是围绕太阳公转的八大行星中体积最大的一颗,重量大概等于 318 个地球。

直径约等于地球的 11 倍。

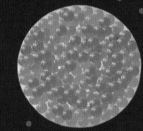

内部可以装下 1300 多个地球。

重力?

地球上体重为 30 千克的人,到了木星上会变成 71 千克哦。

什么样的行星?

木星表面重力特别大,云也一直在动。由于离太阳很远,外层是非常冷的,大约 –140℃。由于被外层紧紧地包裹,中心特别热,约有 20000℃。

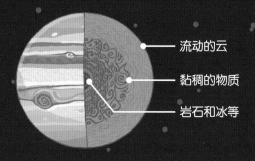

流动的云
黏稠的物质
岩石和冰等

乌云

在低处被风吹动的温暖的云。

白云

在高处被风吹动的寒冷的云。

大红斑

看起来是红褐色的。
有两至三个地球那么大的台风样旋涡。

现在在这里。

木星

土星
小行星带
火星
金星　地球
太阳
水星
天王星　海王星

极光

在木星的南极和北极，
闪耀着强于地球极光百倍的极光。

木卫四

木星的卫星和木星就像是
月球和地球一样的关系。

木卫三

木卫二

经常有小行星和
彗星撞过来。

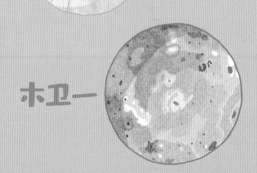

木星也有卫星哦！

木星的周围环绕着
70多颗卫星，大型的
卫星有这四个。

木卫一

小红斑

比大红斑要小一些，看
起来是红色的旋涡。

木星上有巨大
的闪电。

白斑

看起来是白色的旋涡。

木星的一天连地球一天的一半都不到!

地球的一天是 24 小时，而木星的一天大约为 10 小时。地球转一圈，木星就可以转两圈。在地球上正在吃午饭，而木星上却要睡觉了。所以要注意身体哦。

24 小时转一圈。

大约 10 小时转一圈。

云流动的方向不一样!

木星表面布满了高速流动的云。但是有的云向东流，有的云向西流。

近一点儿看云时就会发现云层都是连在一起的。

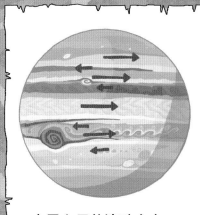

木星上云的流动方向。

啊 啊 啊 啊 啊 啊

哇 哇 哇 哇 呜

推荐项目

不可错过的旋涡。

特别是在木星的北极，有一个旋涡的外围还围着八个小旋涡。

这就是著名景点了吧!

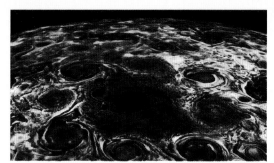

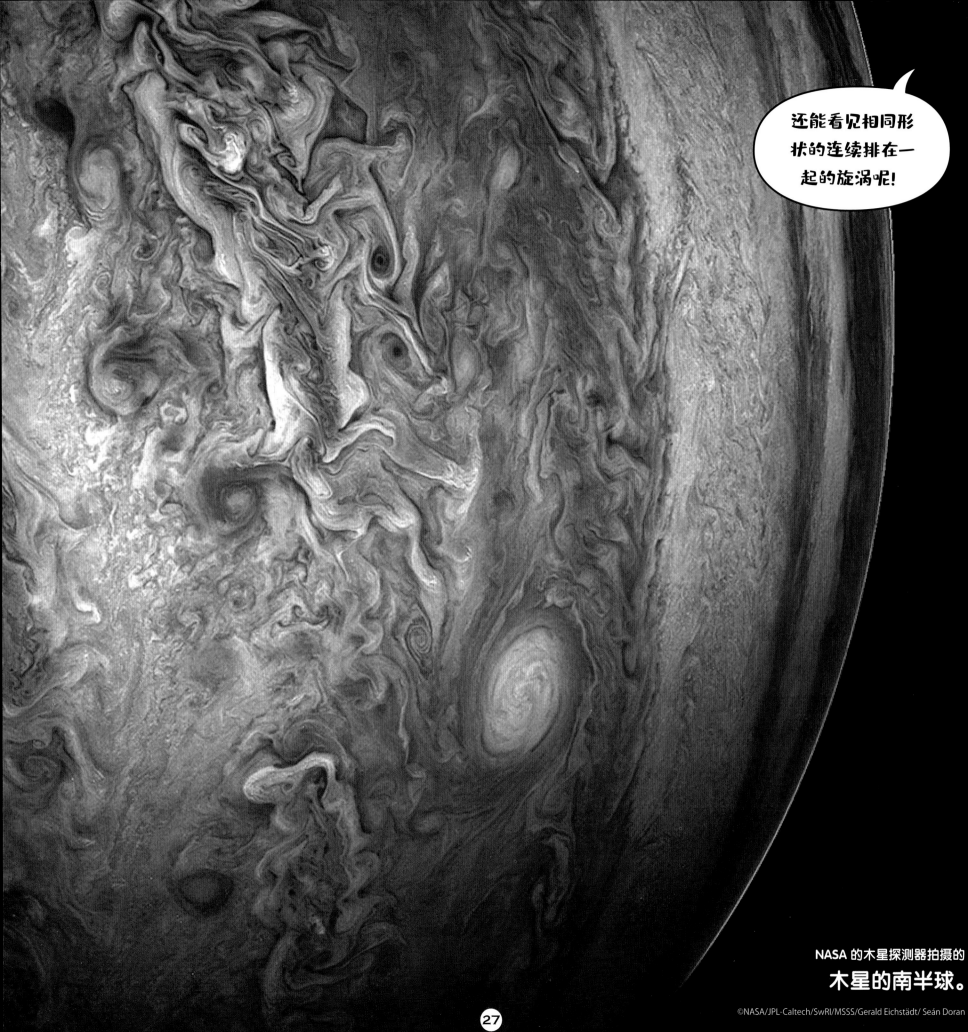

也去木星的卫星上看看吧。

木星的卫星木卫一上有很多火山，并且还在喷发中。黄色的硫黄随着岩浆被喷出。喷发所带来的热量和硫黄的味道是非常大的，地球上的温泉是没有办法与之相比的。

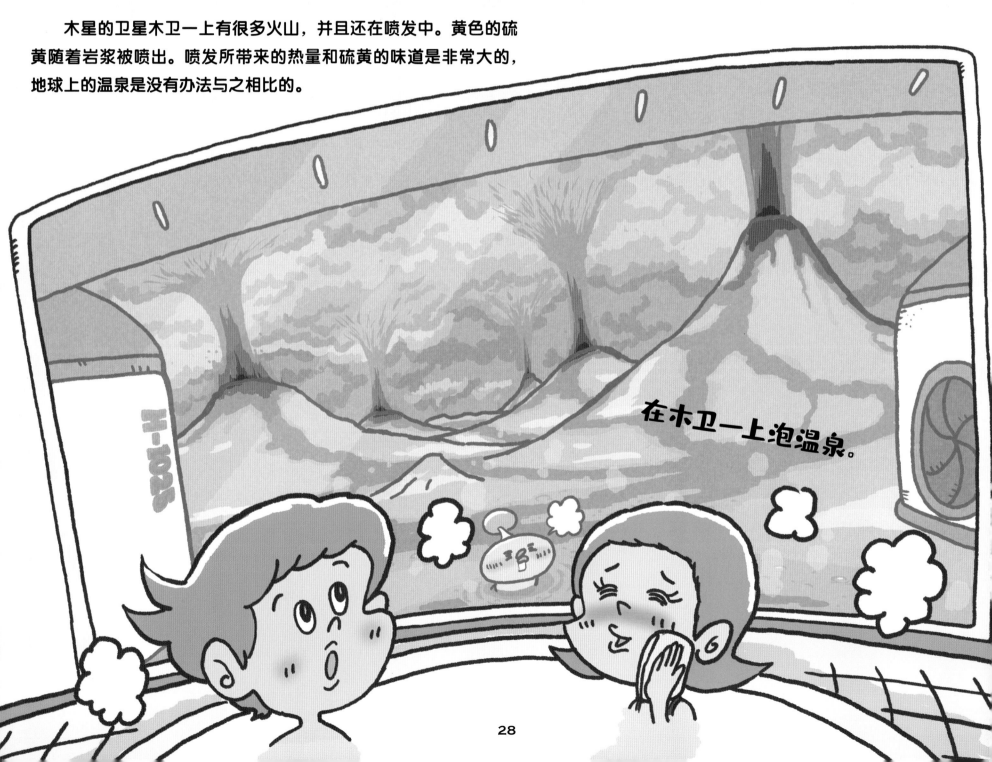

在木卫一上泡温泉。

28

木星的卫星木卫二虽然被冰覆盖着，但是据说冰层下有海洋。如果有海洋的话，那或许就会有生命存在哦！

在木卫二上会遇见生命吗？

拥有行星环的行星

土星

即使在地球上，也能用望远镜看见土星环哦。

大小？

是太阳系的第二大行星，能装得下 755 个地球，但是重量却只有 95 个地球那么重。如果可以把它放入足够多的水中，那么一定可以浮起来。

能横着排下 9 个地球。

重力？

在地球上重 30 千克的人，在土星上只有 27 千克。

什么样的行星？

这是一颗基本上由云组成的行星。由于自转的速度非常快，自身的形状就变得横向膨胀起来。另外，土星有一个特别明显的特征，就是那个大大的行星环。土星的行星环是由岩石和冰组成的。

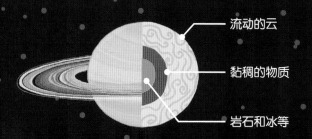
流动的云
黏稠的物质
岩石和冰等

行星环

肉眼看不见的极光其实也在闪耀着。

虽然人的眼睛看不见，但是用紫外线望远镜是可以看见这种极光的。

白斑
可以看见的白色旋涡。

南极
有大大的、仿佛台风眼一样的旋涡。

\ 现在在这里。/

土星

小行星带
火星
金星   地球
太阳
水星
木星
天王星   海王星

近距离看的话，土星的行星环太漂亮了！

土卫三

土卫八

土卫二

土卫一

土星拥有很多卫星

土星周围围绕的卫星非常多，已经发现了 60 多个，其中最大的是泰坦，那里的大气中有类似空气的成分。

北极
有六角形的旋涡。

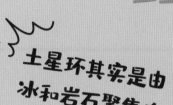

土卫五

土卫四

土卫六

土星环其实是由冰和岩石聚集在一起形成的！

土星表面的纹路
虽然没有木星那么显眼，但是土星上的云也形成了纹路。

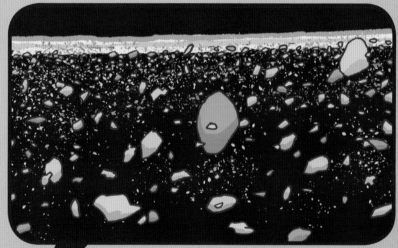

近距离观察，土星环其实是由很多个行星环组成的，中间还有一些缝隙。

土星的行星环横向有 23 万千米，其实是由 1000 多个细细的环组成的。

很遗憾，土星环上可没办法站人！

近距离地观察土星环就会发现，它是由冰和岩石组成的，所以，人是没有办法在上面站立或者行走的。

这些明暗不一的光环基本上是由水结成的冰组成的，亮一点儿的环由大的冰块组成，暗淡一点儿的环由小一点儿的冰块组成。

不要被巨大的旋涡卷进去哟!

在土星的南极,有旋转速度非常快的大型风暴旋涡。

在旋涡正中央,空气是向下沉降的。

这和地球上的台风很相似,如果靠得太近就很危险哦!

推荐项目

土星北极的六角形旋涡

在土星的北极也有一个大大的旋涡,但是这个旋涡是漂亮的六角形,可以放进两个半地球呢!

太不可思议了!

旋涡的形状变成六角形了!

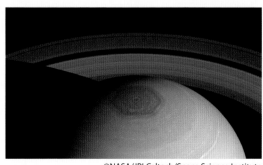

33

土星探测器卡西尼号观测到的
土星环

去土星的卫星看看吧!

土卫一

土星

泰坦

土卫二

土卫一太特别了，人们给它起了一个响亮的名字——泰坦！泰坦上有厚厚的大气层，还会下雨！这些雨形成了河流和湖泊。看到这样的风景，你一定会想起地球吧？也许，还会勾起些许的思乡之情。

即使如此，也不能不穿着宇航服就走出基地哟！

基地以外，人类是无法生存的。

在泰坦上想起了地球。

在土卫二上，有喷出冰的冰火山，喷出来的冰高达数千千米。

在这些喷出来的冰中，人们发现了可以形成生命的物质。这里也许会有生命存在哟。

去土卫二上
看看冰火山吗？

咚 咚 咚 咚 咚

躺着转的蓝色行星

天王星

大小？

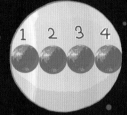

能横着排下 4 个地球。

大概有 14 个地球那么重。

重力？

在地球上体重 30 千克的人，在天王星上约重 26 千克。

什么样的行星？

和太阳系其他的行星不同，天王星是躺着进行公转的，据说是天王星形成时被大的星体撞的。天王星是一个布满了云朵的行星，由于在云朵里充满了叫甲烷的气体，所以在外面看起来是蓝色的。天王星的星环有 13 个圆环，但是由于很暗，又很细，所以基本看不见。

云流动的地方

水和甲烷等形成的冰

岩石和冰等

好漂亮的蓝色行星！

中间是怎么形成的呢？

南极

极区

明亮的带状区。根据季节的不同，有时在南方出现，有时在北方出现。

行星环

由十多条细细的圆环组成。

现在在这里。

土星

小行星带　火星

金星　　地球

太阳

水星

木星

海王星

天王星

38

这里是大型云朵和闪电的世界。

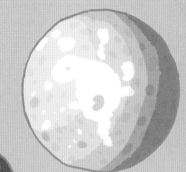

天卫四

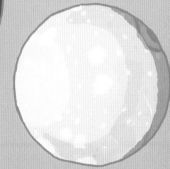

天卫一

白斑

大型的砧状云，看起来仿佛闪耀着太阳的光芒。

暗斑

下面的云层比较薄，看起来有点儿暗。

北极

天王星有27颗卫星

右面的是天王星五颗主要的卫星。

天卫三

天卫五

天卫二

天王星是屁味儿的

天王星布满了云朵，这些云朵中含有硫化氢。硫化氢是一种闻起来像臭鸡蛋味一样的气体。所以，天王星闻起来是屁味儿的！

冰晶闪耀的世界

天王星是一颗巨大的冰行星，所以也被称为"冰巨星"。

让我们乘坐宇宙飞船，去天王星的云层中看一看吧！

在上方的云层中，水和甲烷结成的冰晶正闪闪发亮呢！

在白天的基地和夜晚的基地中来回穿梭。

由于天王星是躺着公转的，所以一面是长达42年的白昼，而另一面是长达 42 年的黑夜。正因为如此，我们可以在两面建造两个基地，这样我们就可以通过在两个基地间穿梭来自己选择白天和黑夜了。

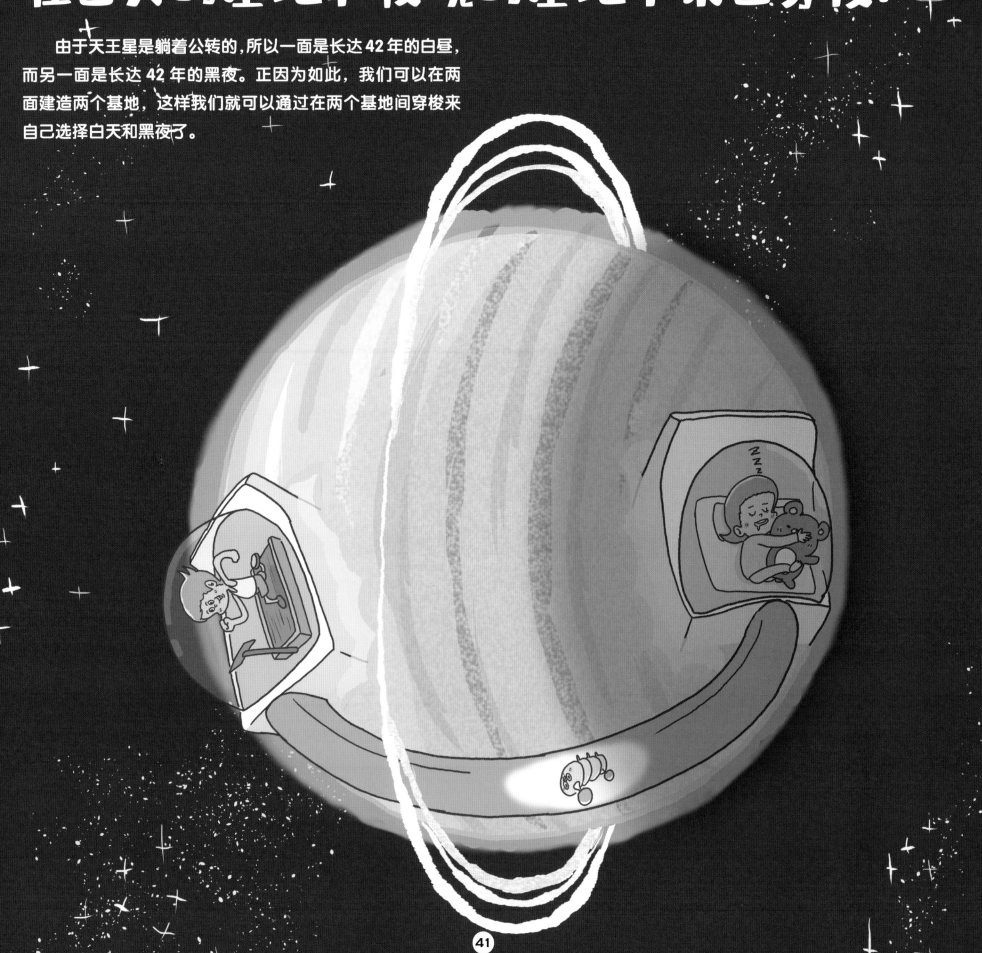

离太阳最远的蓝色星球

海王星

大小?

横着能放下 4 个地球。

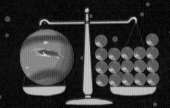

大概跟17个地球一样重。

重力?

在地球上体重为 30 千克的人,在海王星上重约 34 千克。

什么样的行星?

由于离太阳最远,所以特别的冷。

堆满了云层,由于在云层中充满了甲烷,所以从外部看起来是蓝色的。

虽然有五个行星环,但是由于特别细,所以看不见。

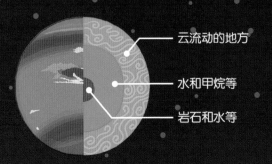

- 云流动的地方
- 水和甲烷等
- 岩石和水等

云在动,那里的风应该特别大吧?

好想去各个卫星看一看呀!

小型云朵

被强风吹散的小型云朵。

现在在这里。

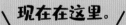

土星
小行星带
火星
金星 地球
水星 太阳
木星
天王星

海王星

北极

当北极面向太阳时，就会释放出甲烷。

海王星有14颗卫星

最大的卫星是海卫一，其余的卫星都是小型的岩石卫星，全都不是圆形的哦！

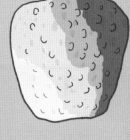
海卫一

海卫二

海卫四

海卫五

海卫六

海卫七

海卫八

大黑斑

中间可以看见大型的旋涡，有时会变大，有时会变小，现在已经看不见了。

下钻石雨了！

海王星大气中的甲烷在巨大的气压之下会变成钻石，像雨一样落下。这些"钻石雨滴"非常大，非常危险，千万不要去拿哟！

南极

持续释放甲烷。

在海王星上冲浪！

在海王星的表面，甲烷形成的云也会被强风吹得流动起来。让我们乘着风在云朵上冲浪吧！顺便说一句，这里的风速要比音速还快，时速可达 2100 千米。

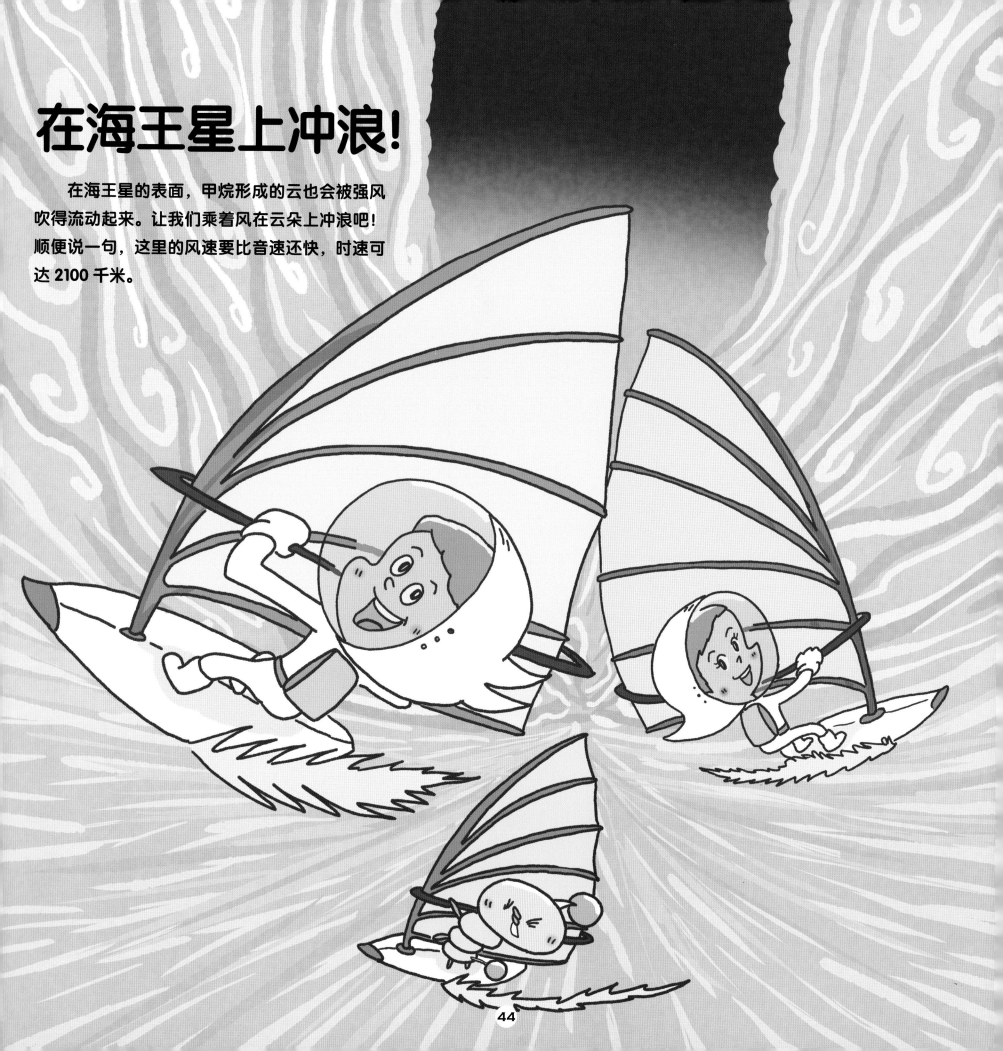

去海王星的卫星上看看吧!

海王星

海卫一

海卫一是如何成为海王星卫星的,至今仍是个谜。

海卫一拥有可以喷出氮和甲烷的火山。由于它距离海王星非常近,在引力作用的影响下,未来可能与海王星的大气层相撞,或者分裂成一个行星环。

在海卫一上遥望海王星

感觉好遥远啊!

45

仿佛地球兄弟一样的行星

金星

大小?

只比地球小一点儿，基本上差不多大。

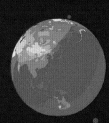  

重量也只比地球轻一点儿。

重力?

在地球上体重为 30 千克的人，在金星上大约重 27 千克。

什么样的行星?

大小跟地球差不多的行星。虽然也有大气层，但是基本成分是二氧化碳，所以人类没有办法生存。云层浓密，风力强劲。表面的温度约有 500℃，非常炎热。

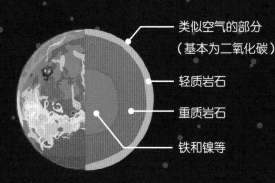

类似空气的部分
（基本为二氧化碳）

轻质岩石

重质岩石

铁和镍等

地面上有浓稠岩浆流过的痕迹

爱塔兰塔平原

泊拉慕平原

尼尔泊平原

鲁萨鲁卡平原

距离太阳这么近的行星是什么样子的呢?

它是地球的邻居。哎呀，好热呀!

狄阿纳溪谷
有大型山谷。

达利溪谷
有大型山谷。

阿芙罗狄蒂地

阿尔蒂米斯溪谷
有大型山谷。

\ 现在在这里。/

土星

小行星带

火星

地球

太阳

水星

金星

木星

天王星

海王星

北极

大峡谷

有一条 5000 千米长的沟，应该是特别热的岩浆流过之后留下的。

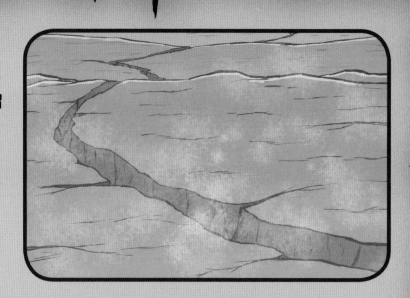

卡贝尔平原

格尼斯溪谷

有大型山谷。

萨帕斯山

有大型火山。

欧扎山

玛亚特山

金星上最高的火山。

玛亚特山

高度为 8000 米的火山，周围布满了岩浆流过的痕迹。

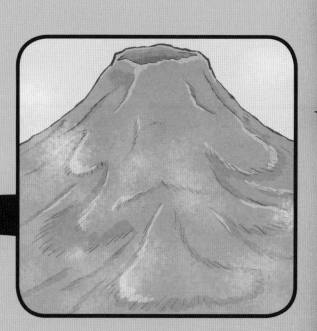

超级强力的风，超级旋涡。

从外部观察

从外部观察金星，由于布满了云层，所以看不见金星表面。另外，云层被速度非常快的风吹动，产生了超级旋涡。为什么会有这么快的风速，还是个谜。

米索米卡平原

柏兰妮平原

南极

太阳从西边升起！

金星自转的方向和其他的行星都是相反的。

　　在地球上，太阳是从东方升起，西方落下。但是在金星上，太阳是从西方升起，东方落下。如果在金星的云层上观察日出，一定要注意方向哟！

金星的自转方向　　　　地球的自转方向

一直是阴天，没有晴天！

金星被云层包裹着，所以一直都是阴天。

虽然没有水，但是云彩里也会下雨。不过，不用准备伞和雨衣哦！因为金星表面非常热，雨滴在半空就蒸发了，不会落到金星表面。

顺便说一句，这些雨滴的成分是浓硫酸，对人类是有害的。

去盾状火山上探险吧!

在金星上有很多小型火山。黏糊糊的岩浆流下来之后，形成了松饼状的山，这样的火山叫作盾状火山。

一定要去看看呀!

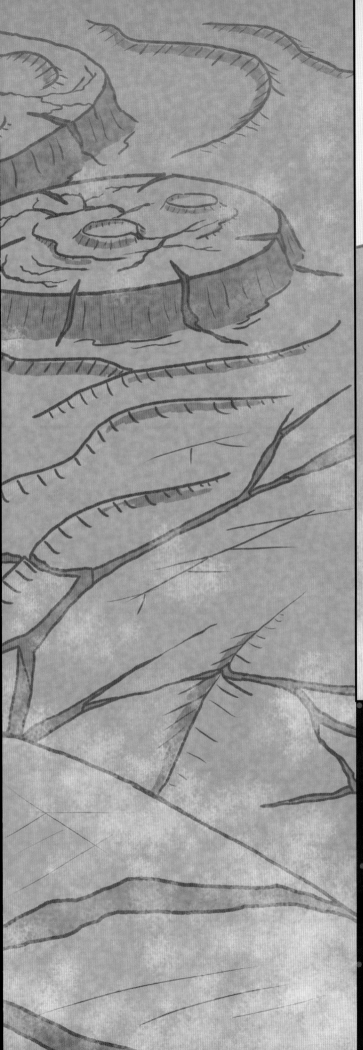

建一个坚固的基地

在地球上，我们始终受到来自周围空气的压力，但是并没有什么感觉。金星上，也有这种来自大气的压力，不过这里的气压是地球上的 90 倍！所以，一定要建造一个坚固的基地呀！

推荐项目

七个盾状火山

一个盾状火山的直径大约为 25 千米，高度是 750 米。非常大！

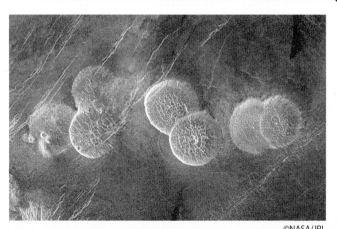

©NASA/JPL

布满环形山的小行星

水星

大小?

水星的直径是地球的 2.5 倍。

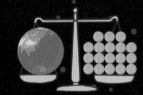

18 个水星的重量和一个地球的重量差不多。

重力?

在地球上 30 千克体重的人，在水星上约为 11 千克。

什么样的行星?

水星是距离太阳最近的行星，接受强烈的光照和热量，所以非常的炎热。但是由于大气极为稀薄，没办法保存热量，所以没有光照的地方又特别的冷。水星表面都是陨石撞击留下来的环形山。

- 轻质岩石
- 重质岩石
- 铁和镍等

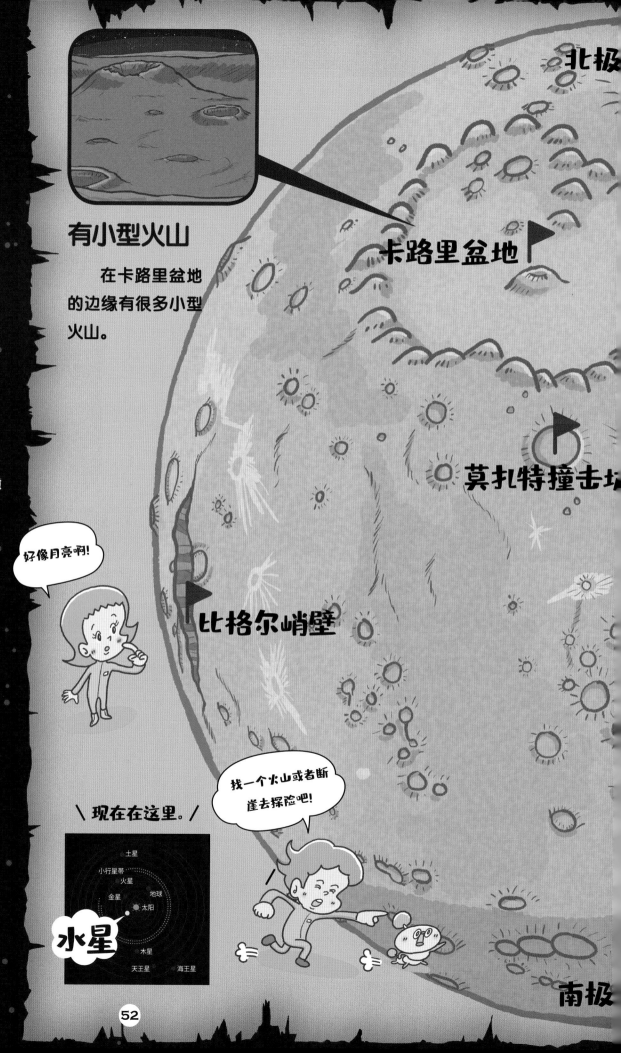

有小型火山

在卡路里盆地的边缘有很多小型火山。

北极

卡路里盆地

莫扎特撞击坑

比格尔峭壁

好像月亮啊!

找一个火山或者断崖去探险吧!

现在在这里。

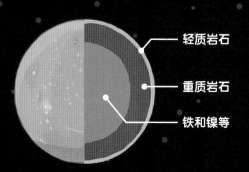

水星

南极

水星平原

卡洛里斯盆地

奥丁平原

布达平原

提尔平原

托尔斯泰撞击坑

贝多芬撞击坑

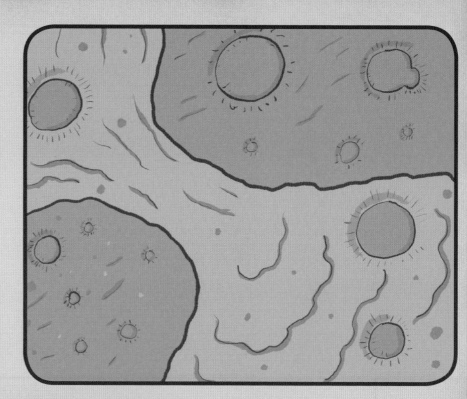

有很久以前黏稠的岩浆流动留下的痕迹

有的大型盆地之间被细细的、道路一样的痕迹连接着，可能是很久以前火山喷发后岩浆流过留下的痕迹。

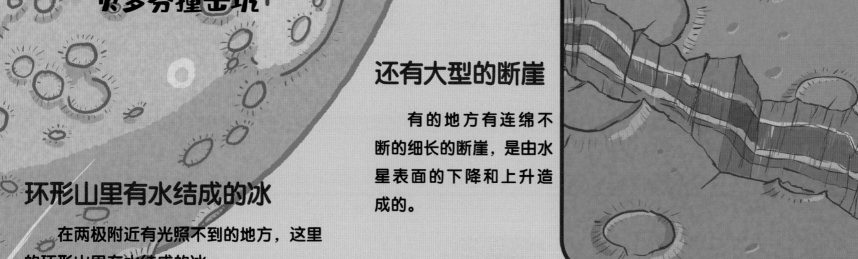

还有大型的断崖

有的地方有连绵不断的细长的断崖，是由水星表面的下降和上升造成的。

环形山里有水结成的冰

在两极附近有光照不到的地方，这里的环形山里有水结成的冰。

水星上的一年比一天还短？

水星上的一年约等于地球上的 88 天，非常短。但是，这里的一天却相当于地球的 176 天！

如果从日出到日落算作水星的一天，那么在这个期间，水星已经绕太阳两圈，也就是过了两年！

这里的一天和一年与地球上完全不同，那么，各种节日是不是也要按照水星上的时间来重新推算呢？

请注意,这里昼夜温差非常大!

由于水星上大气极其稀薄,当太阳光直射的时候,温度可以高达 500℃。而背着太阳的一面,就会特别的冷,会低至 –200 ℃。温差达到 700℃!由于温差特别大,所以要小心感冒哟!

要注意直落而下的陨石

由于地球有大气层保护,陨石落入大气层的过程中会燃烧、变小,所以很少有大型的陨石直接落在地面上。但是水星上没有这么厚的大气层,陨石会直接撞击到水星表面。所以,水星表面有很多陨石撞击留下的环形山。

充满光和热的大星星
太阳

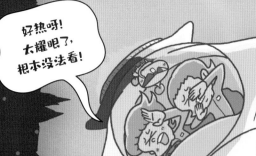

好热呀!太耀眼了,根本没法看!

大小?

没错,太阳特别大,大到可以装下 130 万个地球,重量也是地球的 33 万倍!

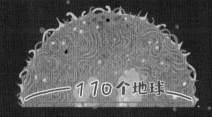

110个地球

能横着放下约 110 个地球。

重力?

在地球上体重 30 千克的人,在太阳上体重大约为 800 千克。

什么样的星体?

太阳是恒星,也就是可以自己发光的星星。由于质量非常大,所以引力也很大。地球等比太阳小很多的行星会被太阳吸引,绕着太阳旋转。太阳表面的温度非常高,大约有 6000℃。太阳核心的温度能达到 15000000℃。

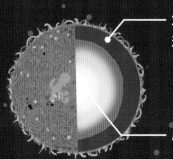

— 太阳中心产生的能量需要经过 100 万年才能释放出来

— 产生巨大能量的地方

太阳和地球一样也会进行自转。

色球层

太阳的大气层包围在光球层以外,温度可达上万摄氏度。

光球层

温度约为 6000℃。

太阳黑子

太阳光球层表面的磁场聚集地,因为温度比周围低,所以看起来是黑色的。随着太阳自转,会自东向西移动。温度约为 4000℃。

太阳耀斑

发生在色球层上的能量爆发,温度可达 20000000℃!

\ 现在在这里! /

土星
小行星带
火星
金星　地球
水星
太阳
木星
天王星
海王星

56

太阳风

从太阳上层大气射出的超声速带电粒子流，温度高达 10000℃！

太阳风的喷射高度为 5万~10万千米！

由于太阳光的照射，地球上的生物才得以生存。

太阳光到达地球的时间大约为8分钟。

日珥

色球层上跳动的火舌状物质。

白斑

比周围的温度要高，所以看起来是白色的。

米粒组织

整个太阳都会有的颗粒状组织。

日冕

太阳大气的最外层，太阳周围发光的地方，温度高达 1000000℃。

月球

大小？

地球比月球大，横向能排下4个月球！

4个月球的横向长度等于一个地球。

81个月球加在一起和地球一样重！

重力？

在地球上体重为30千克的人，在月球上体重大约为5千克。

什么样的星体？

月球是绕着地球转的卫星。阿波罗宇宙飞船曾花102小时到达月球。地球和月球的自转速度一样，所以月球向着地球的一面是一直不变的，在地球上是看不见月球背面的。

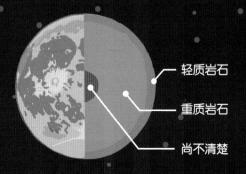

— 轻质岩石
— 重质岩石
— 尚不清楚

在马利厄斯丘陵群洞穴的下面，发现了一个巨大的横向发展的洞穴！

听说月亮上有海？我要去游泳！

月亮上的海不是真的海！只是因为比较平坦，看起来是黑色的一片影子而已。

阿尔卑斯山脉

雨海

虹湾

阿基米德
大型环形山。

哥白尼环形山
大型环形山。

马利厄斯丘陵群

风暴洋

开普勒陨石坑
大型环形山

湿海

疫沼

距离有多远？

大约38万千米。

冷海

梦湖

澄海

危海

汽海

静海

丰富海

酒海

月球的表面有很多陨石撞击留下的环形山。

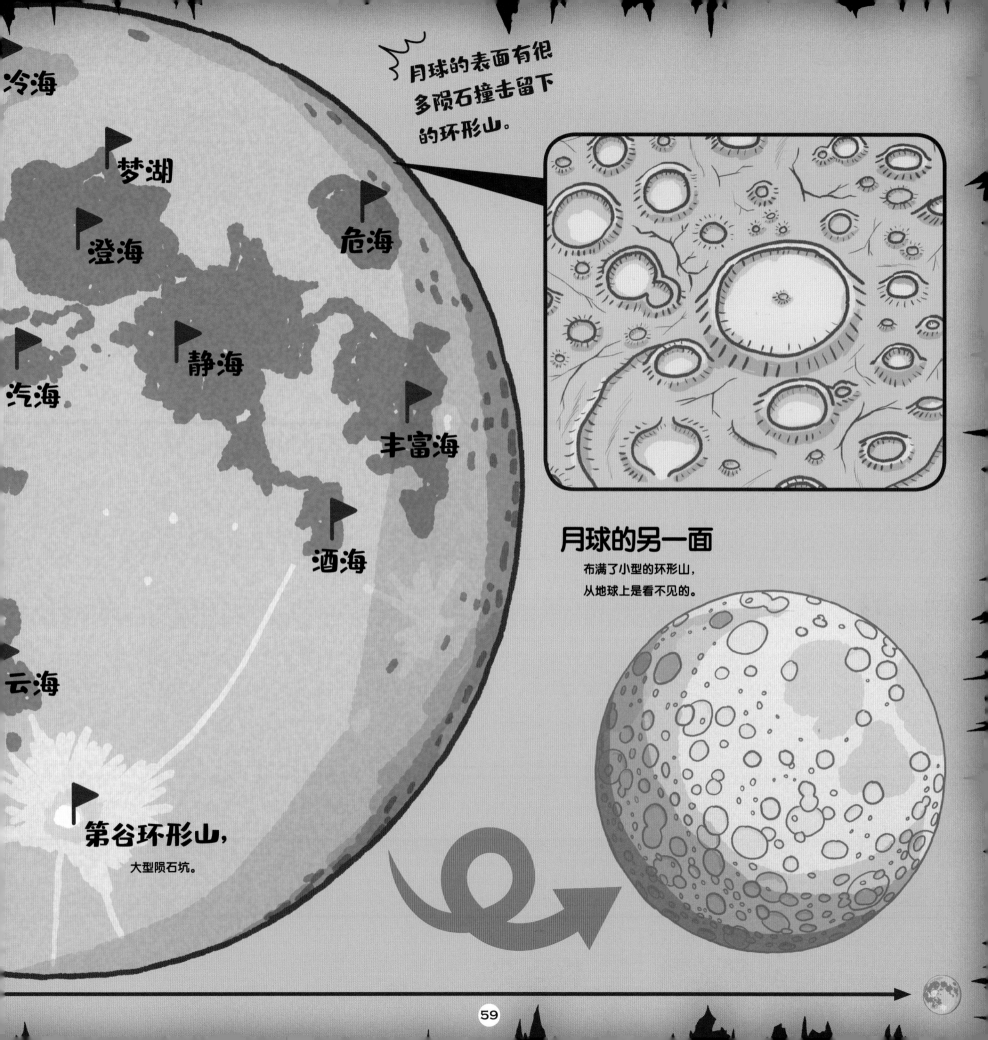

云海

第谷环形山，

大型陨石坑。

月球的另一面

布满了小型的环形山，
从地球上是看不见的。

这就是想象中的月球基地

由于月球的引力是地球引力的1/6，所以在月球上向其他行星发射火箭是比较容易的。建筑物可以使用月球上的沙子，用 3D 打印建造。

卫星天线

和地球以及宇宙飞船进行通话。

月球车

人们穿上宇航服之后就可以驾驶它在月球表面活动了。

太阳能电池板

将太阳能转换成在月球上使用的电力。

运货集散站

在月球周围飞行、用来运输物品的宇宙飞船运输车，会在这里进进出出。

月球表面的家

人类居住的地方。

宇宙飞船运输车

向月球上的各个地方运送人员和物品。

植物园

如果没有和地球上大自然一样的地方，会觉得冷冰冰的吧！

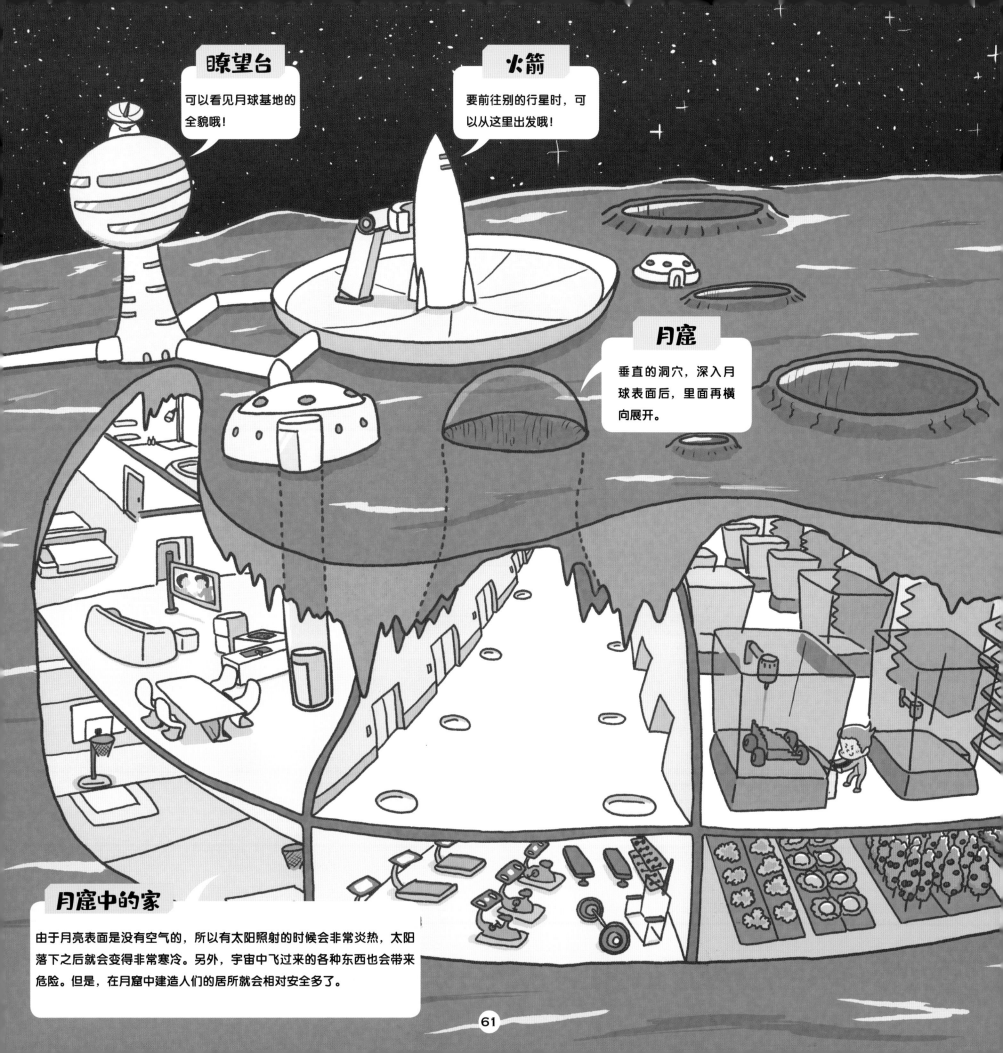

下次去哪儿？ 宇宙旅行计划

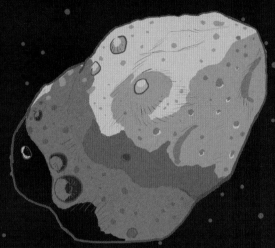

小行星

小行星不是圆形的，它们的表面大多凹凸不平。有一些从形成到现在从没改变过。也就是说，它们是宇宙的历史博物馆。在调查小行星的过程中，可能会发现行星和生命体产生的线索哦！

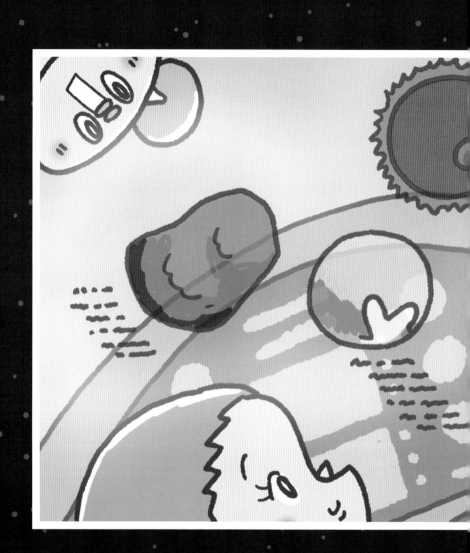

冥王星

以前是太阳系第九大行星，后来由于和冥王星质量相似的柯伊伯带冰制天体有很多，冥王星被排除在行星范围之外，划为矮行星。冥王星上面有一个心形的痕迹，很可爱吧！

宇宙是如此浩瀚，现在未知的地方还有很多。

让我们乘上宇宙飞船，准备好去往下一个目的地。

准备好了，我们就一起出发吧！

地球

实际上，我们对地球也不是无所不知的。

比如说，地球上的海洋又深又宽，我们并没有完全探索和了解它。了解更多的地球知识，对我们迈向宇宙是非常有用的。同时，学习宇宙的知识，对我们探索地球也是大有益处的。

遥远的类地行星

这次我们去的都是绕着太阳旋转的行星。非常遗憾，太阳系里没有和地球一样的星球。那么，下次我们就走得更远一些，去寻找和地球相似的行星吧。

WAKUSEI MAPS TAIYOKEI ZUE:
MOSHIMO UCHU O TABISHITARA MOSHIMO UCHU DE KURASETARA
Copyright © 2018, Utyunisans
Chinese translation rights in simplified characters arranged with
Seibundo Shinkosha Publishing Co., Ltd.
through Japan UNI Agency, Inc., Tokyo

©2021辽宁科学技术出版社
著作权合同登记号：第06-2019-194号。

图书在版编目（CIP）数据

宇宙 /(日) 宇宙大哥哥著；邢俊杰译.—沈阳：辽宁科学技术
出版社，2021.9
ISBN 978-7-5591-2065-6
Ⅰ.①宇… Ⅱ.①宇… ②邢… Ⅲ.①宇宙－儿童读物 Ⅳ.
①P159-49
中国版本图书馆CIP数据核字(2021)第099618号

出版发行：辽宁科学技术出版社
　　　　　（地址：沈阳市和平区十一纬路25号　邮编：110003）
印　刷　者：上海利丰雅高印刷有限公司
经　销　者：各地新华书店
幅面尺寸：280mm×280mm
印　　张：5¹/3
字　　数：150千字
出版时间：2021年9月第1版
印刷时间：2021年9月第1次印刷
责任编辑：姜　璐
封面设计：许琳娜
版式设计：许琳娜
责任校对：徐　跃

书　　号：ISBN 978-7-5591-2065-6
定　　价：78.00元

投稿热线：024-23284062　1187962917@qq.com
邮购热线：024-23284502

小岛俊介 小定弘和

我们是宇宙大哥哥!

作者简介

宇宙大哥哥

为了点燃小朋友们的好奇心、冒险心以及科技创新的热情，宇宙大哥哥以宇宙为主题，经常在日本全国各地举办实验、实践和讲座等活动。曾任职于JAXA宇宙教育中心，现任职于日本宇宙少年团。他们策划了NASA和JAXA等航天中心的太空训练营以及和宇航员对话等活动，同时为日本各地举办的宇宙科普教育活动提供帮助。

绘者简介

池内李利

1974年生于日本鸟取县鸟取市。高中毕业后曾是一名木工师傅，2009年从鸟取环境大学设计学专业毕业后，前往东京发展。之后于Setsu Mode Seminar、涩谷艺术学校进行深造，毕业后成为一名插画师。对宇宙充满热情，主要作品有《珍稀动物的小剧场观察日记》（蒲蒲兰出版社）《是谁在笑超有趣游戏》（汐文社）《故事385》系列（诚文堂新光社）。